AF346324

EXPLICATION

DU

ZODIAQUE CIRCULAIRE

DE DENDERAH,

PARALLÈLE

ENTRE LES ZODIAQUES EGYPTIENS ET CEUX DES GRECS, DES ROMAINS, DES INDIENS, DES ARABES, ET CEUX QUE L'ON REMARQUE DANS QUELQUES ÉGLISES GOTHIQUES DE FRANCE ;

Par L.-D. FERLUS,

MEMBRE DE PLUSIEURS SOCIÉTÉS SAVANTES.

QUATRIÈME ÉDITION,

AUGMENTÉE d'une Notice sur l'antiquité du Zodiaque de Denderah , dans laquelle on fait connaitre l'opinion de MM. Dupuis, Visconti, Biot, Halma, St.-Martin, etc. etc.

A PARIS,

CHEZ MARTINET, LIBRAIRE,

RUE DU COQ-SAINT-HONORÉ , N°. 15.

1822.

Cette nouvelle Explication de
M. FERLUS, forme la quatrième
des éditions publiées par Messieurs FERLUS et CHABERT, Editeurs associés.

DE L'IMPRIMERIE D'A. BÉRAUD,
rue du Foin Saint-Jacques, n° 9.

EXPLICATION

DU

ZODIAQUE CIRCULAIRE

DE DENDERAH,

PARALLÈLE

ENTRE CE MONUMENT ET TOUS LES ZODIAQUES CONNUS.

DES ZODIAQUES ÉGYPTIENS.

LE Zodiaque circulaire de Denderah est un planisphère dont la masse a huit pieds carrés de surface et un pied d'épaisseur ; sa matière est un grès tiré des montagnes de la Haute-Egypte. Ce fut le général Desaix qui, le premier, remarqua ce monument : les savans de l'expédition en firent prendre un dessin. Ce Zodiaque était sculpté au plafond d'une des salles du grand Temple de Denderah ; cette salle, dont les murs sont couverts d'hiéroglyphes en relief, paraissait être destinée aux sacrifices. C'est à la sagacité et aux travaux de M. Lelorrain que la France doit le monument de Denderah. Il existe dans le même temple de Denderah un autre Zodiaque, mais rectangulaire : les signes y sont dans le même ordre que dans celui que nous possédons ; c'est sur ce dernier que Dupuis a fait sa Dissertation.

La ville d'Esné offre encore deux Zodiaques rectangulaires ; l'un dans le grand Temple, l'autre dans le petit

Temple : celui-ci est presque entièrement détruit par le temps.

Ces monumens indiquent une époque bien antérieure à celle des Zodiaques de Denderah et de tous les bas-reliefs astronomiques de Thèbes, puisque la Vierge en est le premier signe.

Le Zodiaque circulaire de Denderah offre un cercle chargé de figures astronomiques ; ce cercle est soutenu par huit figures d'hommes ayant une tête d'épervier : ces figures sont placées aux quatre points principaux, et age-nouillées. On remarque aux angles quatre figures de femme debout et soutenant aussi le Zodiaque.

Le cercle est entouré d'une bande circulaire d'hiéro-glyphes, qui est interrompue par les figures. Trois autres bandes d'hiéroglyphes descendent le long des jambes de chaque figure de femme.

Le premier rang des figures du Médaillon est disposé régulièrement dans une bande circulaire concentrique. Toutes ces figures ont la même hauteur, et toutes leurs lignes de milieu tendent au centre du tableau, où se trouve une figure de Renard. Parmi toutes ces figures on distingue les douze signes du Zodiaque, distribués sur une espèce de spirale ; cette spirale ne fait qu'une révolution. Le Lion qui est le premier signe est à l'extrémité la plus éloignée du centre, tandis que le Cancer occupe la partie la plus rapprochée.

SIGNES DU ZODIAQUE.

1. Le Lion, dans les Zodiaques égyptiens, est debout ; il marche sur un Serpent qui est l'hydre de nos sphères. L'hydre était l'image du Nil, parce que la tête de cette

constellation se levait au moment de l'accroissement des eaux de ce fleuve. On remarque un Corbeau sur la queue du Serpent : il indiquait, par la couleur noire de son plumage, celle de la terre d'Egypte lorsque le Nil se retire. Le Corbeau n'existe pas dans les Zodiaques d'Esné, parce que ces monumens ne sont pas de la même époque que ceux de Denderah. Entre le Lion et le Corbeau est une figure de femme que l'on remarque dans tous les Zodiaques égyptiens, et qui correspond à la constellation de la coupe. Cette constellation, sous le nom de *coupe de Mastusius,* a rapport au sacrifice d'une jeune fille au moment du débordement des eaux du Nil. On remarque dans le Zodiaque circulaire de Denderah, et sous le Lion, une femme qui tient de chaque main un vase, et qui indiquait aussi le débordement du Nil.

Le Lion appartenait à Osiris, à cause de la force du Soleil, lorsqu'il était dans ce signe. M. Visconti pense que le Lion est le premier des signes descendans ; qu'il indiquait le commencement de l'année et était solsticial.

2. La Vierge, portant un épi, marche à la suite du Lion, et exprime la coupe des moissons, qui, alors avait lieu. Cette figure, qu'on appelle encore *Isis* et *Cérès,* est à peu près semblable dans tous les Zodiaques égygtiens. On voit une figure avec des cornes, qui accompagne la Vierge : c'est la constellation du Bouvier, qu'on appelle encore le *gouverneur* et *nourricier d'Horus.* Au-dessus de la Vierge et parmi les figures du Zodiaque circulaire, on voit une femme assise, portant un enfant : c'est Isis avec Horus. On remarque aussi un homme avec des cornes, tenant un instrument d'agriculture : c'est encore le Bouvier ou une partie de la constellation de ce nom.

La Vierge était consacrée à Isis ; le Sphynx, composé du

Lion et de la Vierge, s'employait pour désigner le débordement du Nil. C'est après coup, dit M. de Lalande , que
les Grecs ont mis un épi dans la main de la Vierge, pour
indiquer la coupe des moissons : cette opinion nous paraît
hasardée, puisqu'on voit dans tous les monumens égyptiens la Vierge représentée de la même manière.

3. La Balance. On observe près de la Balance, un cercle
au milieu duquel est une figure de femme, qui est, selon
Dupuis, celle de Vénus ou de la planète de ce nom. On voit
encore au-dessus de ce cercle deux autres petites figures.
La Balance est représentée dans tous les Zodiaques égyptiens ; elle n'existe plus dans celui du petit temple d'Esné
parce qu'elle est tombée avec une partie du plafond. La
Balance annonçait l'égalité des jours et des nuits qu'em-
mène l'équinoxe. On voit dans ce Zodiaque circulaire un
Lion accroupi, les pieds de devant posés sur un carré ren-
fermant de l'eau ; c'est le Lion marin ; cette constellation
se lève quand la Balance se couche. On aperçoit derrière le
Lion marin un cynocéphale ayant un ornement sur la tête :
c'est une constellation égyptienne qui n'était pas connue
des Grecs. Selon Horus-Apollon , c'était l'hiéroglyphe qui
représentait le lever de la lune.

4. Le Scorpion. Le Scorpion est placé immédiatement
entre la Balance et le Sagittaire. Dans les Zodiaques égyptiens, le Scorpion tourne la tête du côté de la Balance ou
du couchant. Dans le Zodiaque rectangulaire de Denderah,
on voit près du Scorpion et sur le timon d'une espèce de
charrue égyptienne, un Renard, c'est celui dont parle
Firmicus. Théon nous dit que le Renard fait partie du
timon de la constellation du Chariot; cet astre est , par
conséquent, voisin du Pôle.

Le Scorpion appartenait à Typhon. Les maladies lors de la marche rétrograde du Soleil , ont été caractérisées par le Scorpion qui traîne après lui son dard et son venin.

5. Le Sagittaire est représenté dans les quatre Zodiaques égyptiens sous la forme d'un centaure à deux faces ; il a des ailes dans les Zodiaques de Denderah. Quelques auteurs pensent que le Sagittaire exprimait la chasse que les anciens faisaient aux bêtes féroces , à la chute des feuilles.

6. Le Capricorne a dans les Zodiaques égyptiens une tête de chèvre avec des cornes, des pieds de bête fauve et une queue de poisson.

Le Capricorne était consacré à Pan ou à Mendès. Macrobe dit : Quant à la Chèvre, sa méthode de paître est de monter toujours, et de gagner les hauteurs ; de même, le Soleil, arrivé au Capricorne, commence à quitter le point le plus bas , pour revenir au plus élevé.

7. Le Verseau est représenté dans les Zodiaques égyptiens par un homme portant deux vases d'où coule de l'eau ; cependant, celui du petit temple d'Ésné ne porte qu'un seul vase. Le Zodiaque circulaire offre aux pieds du Verseau un poisson qui semble boire l'eau qui tombe des vases ; c'est le Poisson austral. Sous le Verseau on remarque huit figures agenouillées , ayant les mains liées derrière le dos. Au-dessus est un Sacrificateur et une victime sans tête.

Plutarque raconte que, dans le mois qui répondait à ce signe, on allait en cérémonie puiser de l'eau dans la mer, et qu'on se réjouissait d'avoir trouvé Osiris. Pluche pense que le Verseau avait un rapport sensible aux pluies de l'hiver.

8. Les Poissons sont liés dans le Zodiaque circulaire

et dans les monumens d'Esné. On observe dans les Zodiaques de Denderah, entre les Poissons, un parallélogramme dans lequel on a représenté l'eau. Près des Poissons, dans le Zodiaque circulaire, est un homme qui tient un cochon; c'est la constellation du Porcher. Sous les Poissons, on voit aussi une figure humaine qui porte une cage au-dessus de laquelle est un oiseau ; aucun bas-relief astronomique ne présente rien de semblable.

Le signe des Poissons était consacré à Néphtis, déesse de la mer. Les Poissons, liés ou pris au filet, marquaient la pêche qui est excellente aux approches du printemps.

9. LE BÉLIER, dans les Zodiaques égyptiens, est accroupi et regarde derrière lui, excepté dans le rectangulaire de Denderah, où il s'élance. On observe au-dessus du Bélier deux animaux adossés, qui sont la Chèvre et le Chien, et plus près du centre, un oiseau, qui est l'Épervier symbolique, et qui, selon Clément d'Alexandrie, indiquait l'équinoxe du printemps.

Le Bélier était consacré à Jupiter-Ammon, qui présidait à l'équinoxe du printemps. Plutarque raconte que les Égyptiens représentaient le Soleil levant par la figure d'un enfant assis sur un lotus ; on voit, en effet, cet emblème au-dessous du Bélier.

10. LE TAUREAU, dans le Zodiaque circulaire, ainsi que dans les monumens d'Esné, marche et regarde derrière lui; dans le Zodiaque rectangulaire de Denderah, le Taureau menace, et porte sur le dos un cercle. Le Taureau, dit la fable, donna naissance à Orion. Il faut remarquer qu'Orion se lève à la suite du Taureau, et que le Taureau disparaît quand le Scorpion se lève. Quelques-uns y voient le Taureau de Pasiphaé, l'une des Pléiades, mère du Minotaure. On dit que le Taureau surprit Europe et l'enleva

dans le temple d'Esculape. Quand le Taureau avait les cornes tournées vers le haut, cette direction indiquait le commencement du mois, lorsque la Lune après sa conjonction paraissait pour la première fois. Quand, au contraire, le Taureau avait les cornes baissées, il annonçait la fin du mois. Le Taureau représentait le dieu Apis ; il indiquait aussi le labourage.

11. LES GÉMEAUX, dans les quatre Zodiaques égyptiens, sont représentés par un homme et une femme, que les Arabes appellent *les époux*. Dans les Zodiaques de Denderah, les Gémeaux se tiennent par la main.

Les Gémeaux répondaient à deux divinités qu'on ne séparait point en Egypte, Horus et Harpocrate. Il semble qu'on ait voulu placer dans le Ciel le symbole de l'amitié.

12. LE CANCER est dans le Zodiaque circulaire sur le même rayon de cercle que le Lion. Dans tous les Zodiaques égyptiens le Cancer a beaucoup de ressemblance avec le crabe ou écrevisse de mer. On voit dans le Zodiaque circulaire, au-dessous du Cancer, neuf Etoiles ; nombre égal à celui des Muses ; c'est la constellation du Dauphin. On sait que le Cancer se couche quand le Dauphin se lève. Près du Cancer et du Renard, on remarque une grande figure chimérique, tenant une espèce de coutelas ; cette figure Typhonienne est la Grande Ourse.

Le Cancer était consacré à Anubis. Le Soleil, dit Dupuis, parvenu dans ce signe, était presque au zénith de Denderah. On remarque, dit le même auteur, une espèce de pyramide, dans le Zodiaque rectangulaire de Denderah, qui indiquait, selon lui, la hauteur du Soleil.

L'Ecrévisse est un animal qui marche à reculons et obliquement ; de même, le Soleil, parvenu dans ce signe, commence à descendre et à rétrograder.

ZODIAQUES GRECS OU ROMAINS.

Le plus ancien et le plus authentique des Zodiaques grecs, est celui de Palmyre. Les signes placés dans un cercle, marchent en sens inverse de l'ordre connu. Ce monument a au moins quinze cents ans ; il est du règne de Dioclétien. Les principales différences que l'on remarque entre les Zodiaques égyptiens et ceux des Grecs sont que, dans les monumens grecs : la Vierge a des ailes ; le Sagittaire n'a qu'une face ; le Verseau ne tient qu'un vase ; le Taureau est couché, et le Cancer n'y est point représenté, comme dans les Zodiaques égyptiens, par le Scarabé.

ZODIAQUES INDIENS.

Il a été découvert, dans une pagode de l'Inde, par M. Johnn Call, un Zodiaque, dont on ne peut déterminer l'époque. Les signes y sont disposés quatre par quatre, sur les côtés d'un quadrilatère. Deux enfans qui s'embrassent, y représentent les Gémeaux. Le Taureau a une bosse sur le dos. Le Bélier est semblable à celui des Egyptiens. Les Poissons sont analogues à ceux des Grecs. Le Verseau verse de l'eau d'un grand vase. Le Capricorne a une queue repliée comme dans les Zodiaques grecs. Le Sagittaire, le Scorpion et la Balance sont comme dans les Zodiaques égyptiens. La Vierge est semblable à celle des Grecs ; le Lion ne diffère pas de celui des Egyptiens.

ZODIAQUES ARABES.

Les Arabes ont produit des monumens astronomiques fort grossiers, mais très-curieux. La Sphère de Dresde, en cuivre, prouve que ce peuple avait des connaissances assez étendues en astronomie. Il a été jusqu'ici impossible de déterminer l'époque à laquelle ces monumens ont été exécutés.

ZODIAQUES GOTHIQUES.

On trouve des Zodiaques sur plusieurs monumens gothiques ; Notre-Dame de Paris en offre deux qui sont très-remarquables. Les signes sont dans l'ordre accoutumé ; mais le Lion est à la place du Cancer, et un Sculpteur remplace la Vierge. On ne peut décider si les figures qui entourent les signes sont des constellations, ou représentent les travaux de la campagne. Les figures des douze Signes n'ont aucune ressemblance avec celles des Zodiaques égyptiens ou grecs ; seulement, la femme tenant la balance rappelle celle du grand Zodiaque d'Esné, et la Vierge portant l'Enfant - Jésus a du rapport avec le groupe d'Isis et d'Horus, du Zodiaque circulaire.

Il y a un autre Zodiaque , dans la rose en verres peints qui est au-dessus de l'orgue de Notre-Dame : ces Zodiaques sont du douzième siècle.

On remarque encore un Zodiaque sur le portail de Saint-Denis. Le Verseau est situé en bas et à gauche ; le Capricorne est à droite ; les Poissons sont au-dessus du Verseau, ainsi que le Bélier et le Taureau ; le Sagittaire est au-dessus du Capricorne, de même que le Scorpion, la Balance et les Gémeaux : le Lion , le Cancer et la Vierge ont été détruits.

Les cathédrales de Chartres et d'Amiens renferment aussi des Zodiaques. On en remarque encore à Strasbourg, à Issoire, à Souvigny et dans beaucoup d'autres monumens religieux et gothiques.

NOTICE

SUR L'ANTIQUITÉ DU ZODIAQUE.

Pour s'élever à la connaissance de l'antiquité du Zodiaque de Denderah, il faut avoir une idée juste de la précession des équinoxes. On appelle *précession des équinoxes*, l'effet des attractions qu'exercent le Soleil et la
Lune sur la Terre : cette double attraction fait que l'équinoxe arrive chaque année cinquante secondes plus tôt que
l'année précédente, et que la Terre s'avance d'un degré en
soixante-douze ans. D'après ce phénomène, il est facile de
concevoir que si le Zodiaque de Denderah avait été exécuté
lorsque l'équinoxe de printemps était dans le premier
degré du Bélier, ce planisphère n'aurait que deux mille
cent soixante ans d'antiquité, puisque l'équinoxe a lieu
maintenant dans le signe des Poissons, c'est à-dire, trente
degrés plus tôt.

Dupuis regarde les Egyptiens comme les inventeurs du
Zodiaque; les travaux agricoles et les périodes des inon-
dations qui y sont peints, ne pouvaient appartenir qu'au
sol de leur pays ; ces figures, dit-il, n'ont pu représenter
pour eux ce qui se passait chaque mois dans les cieux ou
sur la terre, que lorsque le Soleil occupait, au solstice
d'été, le signe du Capricorne ; selon cet auteur, le solstice
aurait rétrogradé de plus de sept signes, c'est-à-dire, du
Capricorne dans le Taureau : ce qui donnerait au Zodiaque primitif une antiquité de quinze mille cent vingt ans.

M. Visconti pense que le Zodiaque de Denderah n'est
point l'ouvrage des Egyptiens, mais celui des Grecs. Il
s'appuie des inscriptions qu'on remarque dans le temple,
et qui, selon lui, offrent les noms d'Auguste ou de Tibère :

ce qui fait dire à M. Visconti que ce monument a été exécuté du temps d'Auguste. Le signe de la Balance semble
venir à l'appui de son opinion ; on sait que quelques savans
ont prétendu que ce signe était une invention des flatteurs
d'Auguste ; mais il est certain qu'Hipparque a parlé de la
Balance plusieurs siècles avant Auguste ; Zoroastre la désigne comme étant un des signes du Zodiaque ; on la
trouve, d'ailleurs, représentée sur tous les monumens
astronomiques de l'Egypte et de l'Inde.

M. Biot, a fait le 16 juillet 1822, à l'Académie des
Sciences, lecture d'un Mémoire sur le Zodiaque de Denderah. Il a, d'abord, cherché à découvrir par quel procédé
les figures du Zodiaque avaient été transportées sur une
surface. Si, après avoir imaginé un plan, placé sur un point
du globe céleste, on fait passer par ce point, qui sert alors
de Pôle, une multitude de méridiens, qu'on relève ensuite
ces méridiens pour les porter sur un plan, ces lignes y
détermineront les signes de la sphère, dans un ordre semblable à celui où ils se trouvent sur le globe céleste.
M. Biot ayant fait la même opération sur notre sphère céleste, il a obtenu un planisphère semblable à celui de
Denderah. Il résulte ensuite des calculs de M. Biot, que le
Zodiaque de Denderah représente l'état du Ciel, tel qu'il
devait être 716 ans avant l'ère chrétienne.

M. Halma, qui a publié un ouvrage considérable sur les
monumens astronomiques de l'Egypte, porte l'époque du
Zodiaque de Denderah au cinquième siècle avant l'ère
chrétienne.

Selon M. Remi Raige, à l'époque de l'institution du
Zodiaque, l'année solaire commençait au solstice d'été,
puisque Epifi ou le Capricorne désigne très-clairement les
phénomènes de ce solstice et le commencement de l'année,

et que Payni ou le Sagittaire en exprime la fin. D'après cet auteur, l'invention du Zodiaque et les connaissances qu'elle suppose, remontent à quinze mille ans, parce que le Zodiaque a été inventé pour un temps où Epifi, c'est-à-dire, le Capricorne , concourait avec la plus grande partie du mois de juillet et commençait au solstice d'été ; Messori , le Verseau ou bien août, avec la crue abondante du Nil ; Thoth, les Poissons ou septembre , avec l'inondation de l'Egypte ; Faofi, le Bélier ou octobre, avec l'équinoxe d'automne , époque à laquelle les jours s'obscurcissent et où les troupeaux reviennent au pâturage ; Athyr, le Taureau ou novembre , avec le labourage ; Chyak, les Gémeaux ou décembre , avec la germination des grains ; Tybi , le Cancer ou janvier, avec le solstice d'hiver ; Mechir, le Lion ou février, avec le temps où la terre est couverte de fruits ; Famenoth, la Vierge ou mars , avec les moissons ; Farmouthi, la Balance ou avril , avec l'équinoxe du printemps ; Pachon , le Scorpion ou mai , avec les animaux venimeux et les maladies ; Payni, le Sagittaire ou juin, avec la fin de l'année. Selon le même auteur, les Egyptiens connaissaient la précession des équinoxes il y a au moins six mille ans ; puisque le Zodiaque nominal nous montre le solstice d'été dans le Capricorne, ceux d'Esné dans la Vierge, et ceux de Denderah dans le Lion : il faut en conclure que les Egyptiens ont exprimé par ces différens signes la progression des points solsticiaux ; s'ils n'avaient pas eu connaissance de la précession, ils auraient toujours peint le commencement de l'année au même signe.

On voit que l'opinion de M. Remi Raige s'accorde avec celle de Dupuis sur le Zodiaque nominal et primitif. Relativement au Zodiaque de Denderah , Dupuis ne lui accorde qu'une antiquité de 3,400 ans.

M. St.-Martin, membre de l'Institut, dans sa notice sur le Zodiaque de Denderah, cherche à prouver que le monument de Denderah ne peut avoir plus de 2,700 ans, ni moins de 2,400 d'antiquité.

La diversité des opinions prouve qu'on ignore la vérité. Il est difficile, peut-être impossible de déterminer l'époque précise à laquelle le Zodiaque de Denderah a été exécuté. Nous ne connaissons presque pas le langage hiéroglyphique, et l'on ne peut établir l'antiquité de ce monument, que sur des données incertaines. Il est une chose cependant sur laquelle presque tous les savans s'accordent aujourd'hui ; c'est que le Zodiaque de Denderah est l'ouvrage des Egyptiens, et qu'il a été exécuté avant l'ère chrétienne. 

On sait que les Egyptiens avaient des connaissances très-étendues en astronomie ; ils eurent, selon M. de Lalande, les premières idées, du mouvement de la Terre, ou du système de Copernic, dont Aristarque parla ensuite dans la Grèce, ainsi que de la pluralité des Mondes. Proclus nous a conservé des vers, dans lesquels on voit que l'auteur des Orphiques mettait des hommes et des villes dans la Lune. Les Pytagoriciens enseignaient la même chose : or, on sait que Pytagore était redevable à l'Egypte de toutes ses connaissances.

Les Egyptiens n'ignoraient pas le lever et le coucher des étoiles en divers temps de l'année ; ils avaient dressé des tables, comme il paraît, d'après un passage de Diodore de Sicile, où il s'agit du tombeau d'Osimandias, Roi d'Héliopolis. On y voyait un cercle d'or de 365 coudées ; sur chacune on remarquait un jour de l'année, avec le lever et le coucher de chaque astre. Ce Cercle fut enlevé sous le règne de Cambyse, Roi de Perse, lors de la conquête de l'Egypte.

C'est encore une chose très-remarquable que la situation des Pyramides. M. Chazelles, envoyé par l'Académie des Sciences, en 1694, au Levant, pour y faire des observations astronomiques, rapporta que les Pyramides qui subsistent encore, étaient orientées de manière que leurs quatre côtés regardaient précisément les quatre parties du Monde.

Les Egyptiens prédisaient les Eclipses, et c'est d'après eux que Talès annonça celle qui sépara les armées des Lydiens et des Mèdes, 585 ans avant J. C.

L'Egypte a été le berceau des Arts et des Sciences, et toutes les Nations lui doivent, selon Platon, l'écriture alphabétique.

Puisqu'il est prouvé que les Egyptiens avaient des connaissances étendues en astronomie, que leur chronique remontait, selon Hérodote, à des temps immenses, et que presque tous les savans de la Grèce ont rendu hommage au génie de ce peuple célèbre, concluons que le Zodiaque de Denderah a pu être l'ouvrage des Egyptiens comme les autres monumens que l'on admire dans ces contrées, et que d'après la précession des équinoxes il a dû être exécuté bien avant l'Ère chrétienne.

FIN.